www.ingramcontent.com/pod-product-compliance
Lightning Source LLC
LaVergne TN
LVHW060334080526
838202LV00053B/4466
* 9 7 8 3 7 4 9 7 4 3 4 1 4 *